Bibliografische Information der Deutschen Nationalbibliothek:

Die Deutsche Bibliothek verzeichnet diese Publikation in der Deutschen National-
bibliografie; detaillierte bibliografische Daten sind im Internet über http://dnb.d-
nb.de/ abrufbar.

Impressum:

Copyright © 2018 GRIN Verlag
Druck und Bindung: Books on Demand GmbH, Norderstedt Germany
ISBN: 9783668824218

Dieses Buch bei GRIN:

https://www.grin.com/document/443759

Volker Julius

Critical Incident Reporting System CIRS. Ein ökonomischer Nutzen durch steigende Qualität für ein Krankenhaus

GRIN Verlag

Projektarbeit

CIRS
Ein ökonomischer Nutzen durch steigende Qualität für ein Krankenhaus

Volker Julius

Inhaltsverzeichnis

Abbildungsverzeichnis 3

Tabellenverzeichnis 3

Abkürzungsverzeichnis 3

1   Einleitung 4

2   Critical Incident Reporting System 4

    2.1   Geschichte und Einordnung im Risikomanagement 5

    2.2   Aufbau und Ablauf eines CIRS 6

3   Qualität im Krankenhaus 10

4   Auswirkungen von CIRS 11

    4.1   Aufwand für ein CIRS 11

    4.2   Nutzen von einem CIRS 12

5   Fazit 16

6   Literaturverzeichnis 17

7   Präsentation 20

Abbildungsverzeichnis

Abbildung 1: Grundsätze CIRS-Einführung   7

Abbildung 2: CIRS-Prozess   9

Tabellenverzeichnis

Tabelle 1: Vor- und Nachteile eines CIRS im Krankenhaus   15

Abkürzungsverzeichnis

CIRS – Critical Incident Reporting System

GBA – Gemeinsamer Bundesausschuss

KPI – Key Performance Indicator

KQM-RL – Qualitätsmanagement-Richtlinie Krankenhaus

P4P – Pay for Performance

QM – Qualitätsmanagement

RM – Risikomanagement

USA – Vereinigte Staaten von Amerika

1 Einleitung

Die Sicherheit von Patientinnen und Patienten ist der zentrale Punkt im ärztlichen und pflegerischen Handeln, jedoch ereignen sich, entgegen dem Bestreben aller beteiligten Berufsgruppen, Fehler (Riedel & Schmieder, 2014). Alleine in den Vereinigten Staaten von Amerika (USA) belaufen sich Todesfälle auf Grund vermeidbarer Fehler im klinischen Bereich auf 44000 bis 98000 Menschen pro Jahr, laut dem Bericht des Institute of Medicine (Kohn, Corrigan & Donaldson 2000). Dies ist menschlich und der allgemeine Umgang mit Fehlern und ggf. Sanktionen von diesen spiegelt die gelebte Fehlerkultur wider.

Um aus solchen Fehlern oder Beinahe-Fehlern von Dritten zu lernen, bietet das Critical Incident Reporting System (CIRS) eine Plattform, um zukünftig weniger Fehler zu begehen und damit Folgeschäden für Patientinnen und Patienten zu vermeiden (Riedel & Schmieder, 2014). Die Notwendigkeit von Fehler- und Risikoreduktion hat der Gesetzgeber erkannt und eine Einführung und Durchführung eines Fehlermanagements und Risikomanagements (RM) im Rahmen eines Qualitätsmanagements (QM) ist für Krankenhäuser obligatorisch (GBA, 2015). Jedoch ist auch die finanzielle Situation der meisten deutschen Krankenhäuser sehr angespannt und bietet wenig Spielraum für zusätzliche Investitionen, zumal ein RM nicht zusätzlich vergütet wird (Heyer, 2016). Somit stellt sich folgende Forschungsfrage, der im Rahmen dieses Projektes nachgegangen werden soll: Dient ein CIRS zur Steigerung der Qualität und ökonomischer Effizienz in einem Krankenhaus?

Hierzu wird zunächst die Herkunft von CIRS beschrieben, bevor die Anforderungen und der Ablauf diese Systems dargestellt werden. Dem folgend soll auf Qualität im Krankenhaus näher eingegangen werden. Daraufhin werden die Auswirkungen einer Implementierung eines CIRS in Bezug auf Kosten und Nutzen für ein Krankenhaus thematisiert. Abschließend wird ein Fazit unter Betrachtung der ökonomischen Auswirkungen und der gestellten Forschungsfrage gezogen.

2 Critical Incident Reporting System

Das CIRS ist das im Moment am weitesten verbreitete Risikomanagementwerkzeug und soll zu einem Lernprozess für alle Beteiligten durch Dokumentation, Veröffentlichung und Implementierung von vorbeugenden Maßnahmen nach dem Bemerken von Fehlern, die jedoch noch ohne Schäden oder Konsequenzen abgelaufen sind, führen (Merkle, 2014). Ein Fehler wird vom Ärztlichen Zentrum für Qualität in der Medizin wie folgt definiert: *„Eine Handlung oder ein Unterlassen bei dem eine Abweichung vom Plan, ein falscher Plan oder kein Plan vorliegt. Ob daraus ein Schaden entsteht, ist für die Definition des Fehlers irrelevant."* (ÄZQ, 2015, S. 1) Für das CIRS sind alle Fehler, Risiken und kritische Ereignisse von Bedeutung, die zum Zeitpunkt des Berichtens zu keinem Schaden geführt haben (Aktionsbündnis Patientensicherheit, Plattform Patientensicherheit, Stiftung Patientensicherheit, 2016). Weiterhin ist die Notwendigkeit für ein Risikomanagement durch den Gesetzgeber festgestellt und im SGB V und in der Qualitätsmanagement-Richtlinie Krankenhaus (KQM-RL) des Gemeinsamen Bundesausschuss (GBA) verankert worden (Heyer, 2016). Diese wurde im November 2016 durch die sektorübergreifende QM-Richtlinie des GBA abgelöst (GBA, 2016). Solche Maßnahmen sollen zu einer Verringerung von Fehlern und somit zu einer verbesserten Patientensicherheit führen (Heyer, 2016).

Bevor der Aufbau eines CIRS erläutert wird, soll zunächst die Entwicklung von CIRS sowie eine Einordnung im Risikomanagement stattfinden.

2.1 Geschichte und Einordnung im Risikomanagement

Auf der Suche nach möglichen Gründen für schlechte Leistungen der amerikanischen Piloten während des 2. Weltkrieges fand das CIRS eine erste beschriebe Anwendung. Dies wurde 1954 durch Flanagan im Rahmen einer Übersichtsarbeit dargestellt. Durch die sich aus CIRS ergebenen Erfolge wurde dieses System auch für weitere Bereiche interessant und fand z. B. in der zivilen Luftfahrt und der Raumfahrt Anwendung (Hohenstein & Fleischmann, 2007).

Ab 1960 beschäftigte man sich in der Medizin erstmalig mit CIRS, jedoch dauerte es bis in die 90er Jahre bis dieses System, getragen von wichtigen Arbeiten besonders aus dem Fachgebiet der Anästhesie, etabliert werden konnte und zunehmend weiterentwickelt wurde (Hohenstein & Fleischmann, 2007). Dies ist zum einen auf die Notwendigkeit steigender Fehlerkosten und Imageschäden für Krankenhäuser und zum anderen auf die gesetzliche Verankerung seit 2013 im SGB V §137 zurückzuführen (Heyers, 2016).

Als ein wichtiges Instrument des RM in Krankenhäusern wird CIRS angesehen, um sowohl eine funktionierende Fehlerkultur aufzubauen als auch die Patientensicherheit zunehmend zu verbessern (Aktionsbündnis Patientensicherheit, Plattform Patientensicherheit, Stiftung Patientensicherheit, 2016). Das klinische RM ist ein Teilelement eines QM in einem Krankenhaus und dieser Prozess des RM kann in fünf Phasen gegliedert werden (Heyer, 2016). Zunächst dient die erste Phase der Identifikation des Risikos, In der zweiten Phase wird das Risiko analysiert, bevor es im dritten Schritt bewertet wird. Abschließend werden im vierten Schritt, der Steuerung, Maßnahmen zur Beseitigung des Risikos oder zum Umgang damit getroffen. In der letzten Phase, dem Controlling, werden die zuvor festgelegten und getroffenen Maßnahmen zum Umgang mit dem Risiko überprüft. Der Prozess des RM ist an den PDCA-Zyklus aus dem QM angelehnt (Heyer, 2016). Der   PDCA-Zyklus ist eine Entwicklung aus dem QM, er dient dazu strukturiert ein Prozess zu überprüfen und die ursächliche Problematik zu beheben. Da es in einer solchen Überprüfung auch zu Fehlern kommen kann, wird dieser PDCA-Zyklus, bestehend aus „engl." plan, do, check, act, wiederholt durchlaufen (Merkle, 2014).

CIRS kann in der ersten Phase des RM als Instrument dienen (Heyer, 2016) und etabliert sich verstärkt als Kernelement im klinischen RM. Neben Beschwerdemanagement, Sturzmanagement und Mitarbeiterbefragungen, sowie betriebliches Vorschlagswesen und Patientenkonferenzen, dient ein CIRS zunehmend zur Risikoidentifikation in Krankenhäusern (Bohnet-Joschko, Jandeck, Zippel, Andersen & Krummenauer 2011).

Der Hauptbestandteil von CIRS ist zum einen das Berichten von eigenen risikorelevanten Ereignissen und zum anderen im Beobachten von, von anderen Personen oder Organisationen, gemachten und gemeldeten Risiken. Somit besteht die Möglichkeit sowohl selbst, als auch weitere Personen oder Organisationen aus Berichten zu lernen und detektierte Risiken und Fehlerquellen zu minimieren und zu vermeiden (Rohe, Sanguino Heinrich, Weidringer & Thomeczek, 2012). Jedoch ist vorstellbar, dass durch ein CIRS nicht alle Probleme erkannt werden können, hier könnte ein Peer-Review-Verfahren im Anschluss hilfreich sein (Merkle, 2014). Dieses soll jedoch nicht Thema dieser Arbeit sein und kann in der angegebenen Fachliteratur recherchiert werden.

2.2 Aufbau und Ablauf eines CIRS

Um ein funktionierendes CIRS zu implementieren ist eine Unterstützung auf allen Leitungsebenen notwendig, da dieses fortwährende und für alle nachgeordneten Mitarbeiterinnen und Mitarbeiter sichtbare Engagement als Vorbildfunktion unerlässlich ist. Weiterhin ist eine adäquate finanzielle und personelle Ausstattung des CIRS im Rahmen des RM sicherzustellen, um einen strukturierten und zielorientierten Prozess für ein Lernen aus Fehlern zu etablieren. Für eine positive Berichtsmentalität ist sowohl der Informationsfluss aus den Leitungsebenen zu den Mitarbeiterinnen und Mitarbeitern, als auch die autoritätsfreie Partizipation aller Beteiligten sicherzustellen. Ebenso ist eine Sanktionsfreiheit für die Berichtende oder den Berichtenden sicherzustellen und ein vertraulicher und anonymer Umgang mit den eigegangen CIRS-Meldungen durch die bearbeitenden Stellen zu gewährleisten. Klare Strukturen des CIRS, sowie zuständige Personen bzw. Stellen sind ebenso zu schaffen, wie auch einheitliche Definitionen von meldewürdigen Ereignissen. Eine zeitnahe Bearbeitung von eingehenden Berichten durch entsprechend geschulte Kräfte mit anschließendem Feedback an die Berichtenden über Lösungsmöglichkeiten des gemeldeten Ereignisses und einer Erfolgskontrolle des CIRS anhand von Key Performance Indicators (KPI) runden das System ab (Aktionsbündnis Patientensicherheit, Plattform Patientensicherheit, Stiftung Patientensicherheit, 2016).

Weiterhin soll erwähnt werden, dass ein Berichten im CIRS weder eine Schuldanerkennung darstellt, noch zu versicherungsrechtlichen Nachteilen für alle beteiligten Personen oder Organisationen führt (Aktionsbündnis Patientensicherheit, Plattform Patientensicherheit, Stiftung Patientensicherheit, 2016). Nachfolgend sind die Grundsätze zu einer CIRS-Einführung grafisch dargestellt, eine detaillierte Beschreibung ist der angegebenen Literatur zu entnehmen.

Abbildung 1: Grundsätze CIRS-Einführung

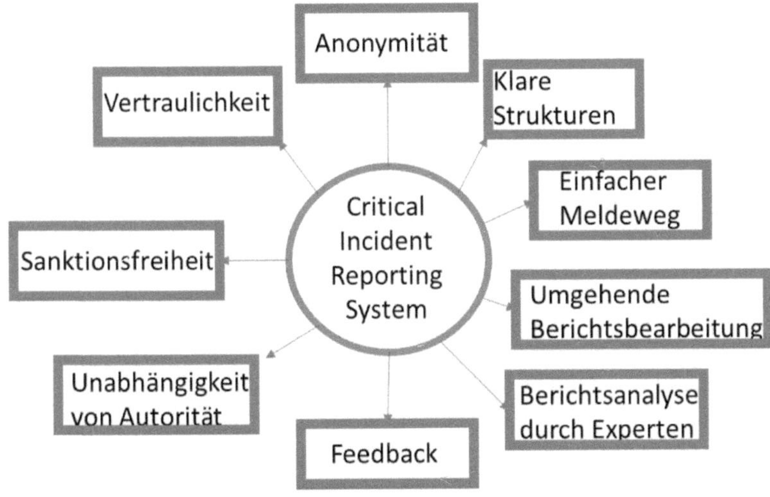

(Quelle: eigene Darstellung, in Anlehnung an Aktionsbündnis Patientensicherheit, Plattform Patientensicherheit, Stiftung Patientensicherheit, 2016, S. 13)

Nachdem die grundlegenden Anforderungen an ein CIRS beschrieben wurden, soll nachfolgend ein beispielhafter Ablauf und eine mögliche Struktur für ein solches Meldesystem dargestellt werden. Detaillierte Ausführungen und weitere Beispiele, sowie Anleitungen für CIRS, sind in der angegebenen Fachliteratur aufgeführt.

Der wichtigste Bestandteil des CIRS ist die meldende Person, diese verfasst anonym einen Bericht zu einem kritischen Ereignis oder Beinahe-Fehler. Eine solche CIRS-Meldung kann, je nach Ausgestaltung des Meldesystems, sowohl in Papierform, als auch digital erfolgen. Hierbei scheint der digitale Ansatz diverse Vorteile in Bezug auf Anwenderfreundlichkeit und anschließender Verarbeitung in einem Datenbanksystem mit einem Controlling über KPI zu bieten (Aktionsbündnis Patientensicherheit, Plattform Patientensicherheit, Stiftung Patientensicherheit, 2016).

Das Aktionsbündnis Patientensicherheit nennt vier Kernfragen, die über Freitextfelder ohne Zeichenbegrenzung durch die Berichtende oder den Berichtenden zu beantworten sind:

- *„Was ist passiert?*
- *Was war das Ergebnis?*
- *Warum ist es geschehen?*
- *Wie könnte es künftig verhindert werden?"*

(Aktionsbündnis Patientensicherheit, Plattform Patientensicherheit, Stiftung Patientensicherheit, 2016, S. 17)

Diese Meldung wird, je nach Struktur des CIRS', zentral oder dezentral von CIRS-Verantwortlichen gesammelt und mit Hilfe eines Analyseteams bearbeitet. Nachfolgend wird diese Meldung mit der zentralen Stelle des RM und QM und ggf. mit der Krankenhausleitung abgestimmt. Über diesen Weg werden etwaige Änderungen oder Prozessanpassungen veranlasst, um das detektierte Risiko zu beseitigen oder den Umgang damit zu regeln. Nachdem die Maßnahme zur Fehlervermeidung umgesetzt worden ist, wird diese und die Konsequenzen daraus abschließend evaluiert und an alle Mitarbeiterinnen und Mitarbeiter, sowie ggf. über unternehmensübergreifende CIRS-Plattformen, kommuniziert. Dieses Feedback dient darüber hinaus auch als wichtiger Motivator für eine weitere Mitarbeit aller Beteiligten im CIRS (Aktionsbündnis Patientensicherheit, Plattform Patientensicherheit, Stiftung Patientensicherheit, 2016).

Ein zentraler Baustein im CIRS ist der oder die CIRS-Verantwortliche, bzw. je nach Größe und Ausgestaltung des Systems, das CIRS-Team (Analyseteam) (Aktionsbündnis Patientensicherheit, Plattform Patientensicherheit, Stiftung Patientensicherheit, 2016), nachfolgend als CIRS-Team bezeichnet. Dieses kann sowohl dezentral (abteilungsweise) oder zentral (krankenhausweit), als auch in einer Mischform etabliert sein. Diesem obliegt sowohl die Information und Motivation über das CIRS, als auch eine entsprechende Anonymisierung und Aufbereitung von eingehenden Berichten. Weiterhin führt das CIRS-Team eine Ursachenanalyse durch. Es schlägt der entsprechenden Leitungsebene Maßnahmen, auch auf Grundlage des vorgeschlagenen Lösungsansatzes aus der eingereichten CIRS-Meldung, zum Beheben des erkannten Risikos vor und stimmt diese ab. Ebenso werden durch das CIRS-Team Schulungen der Mitarbeiterinnen und Mitarbeiter durchgeführt und entsprechendes Feedback über die CIRS-Fälle gegeben. Grundlegend sollten Mitwirkende in einem CIRS-Team über profunde Erfahrung und Sachverstand über Strukturen und Prozesse der jeweiligen Einrichtung verfügen. Darüber hinaus sind gute Kommunikationsfähigkeit und Kompetenzen im RM, Projektmanagement und der Patientenschutz- sowie Krankenhausgesetzte obligatorisch (Aktionsbündnis Patientensicherheit, Plattform Patientensicherheit, Stiftung Patientensicherheit, 2016).

In nachfolgender Abbildung ist ein CIRS-Prozess dargestellt. In roter Farbe ist die eigentliche Meldung markiert, blau die Tätigkeit der CIRS-Verantwortlichen und eines Analyseteams, gelb die entsprechende Leitungsebene und abschließend grün die Auswertung und Kommunikation des Prozesses.

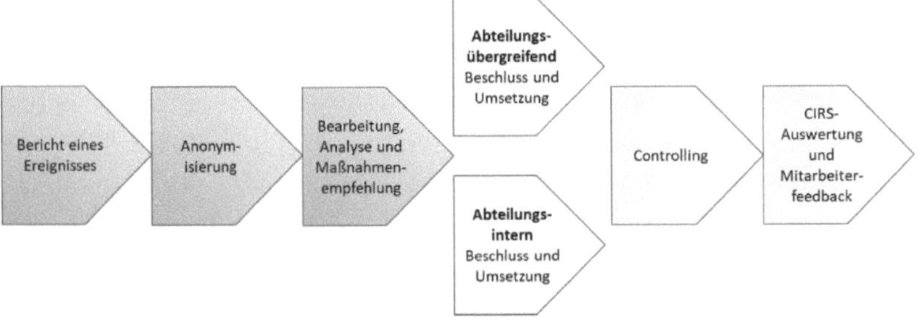

(Quelle: eigene Darstellung, in Anlehnung an Aktionsbündnis Patientensicherheit, Plattform Patientensicherheit, Stiftung Patientensicherheit, 2016, S. 19)

Zusammenfassend lassen sich die Vorteile eines CIRS durch eine Anonymität der Berichtenden, ein einfacher freiwilliger Meldeweg, strukturierte und feedbackorientierte Prozesse und ein organisationsübergreifender Lernprozess beschreiben. Jedoch sollen mögliche Determinanten des CIRS auch aufgeführt werden. Es werden nur bewusst erlebte Ereignisse berichtet. Die Häufigkeit der gemeldeten Berichte lässt nicht auf die Häufigkeit und Schwere von Risiken schließen (Hohenstein & Fleischmann, 2007).

Man muss davon ausgehen, dass auf Grund verschiedener Wahrnehmungen und Perspektiven bei Ereignissen, als auch wegen persönlicher oder struktureller Gründe, nur ein sehr kleiner Teil von auftretenden sicherheitsrelevanter Vorfälle berichtet wird (Rohe, Sanguino Heinrich, Weidringer & Thomeczek, 2012). Somit kommt der Beobachtung von organisationsübergreifenden Portalen, wie z. B. CIRSmedical, eine zunehmende Bedeutung zu. Gerade da dieses organisationsübergreifende Lernen als Organisationspflicht angesehen wird und ein dort eingestelltes und auf „alert" gestelltes Ereignis rechtlich als beherrschbares Risiko gilt (Heyer, 2016).

Eine weiterentwickelte Version von CIRS nutzt die Medizinischen Hochschule Hannover. Das dort entwickelte und praktizierte 3BE-System nutzt sowohl eine strukturierte Bearbeitung der eingehenden Meldungen, als auch eine methodische Risikobehebung durch einen ressourcenorientierten Maßnahmenkatalog, um die Effizienz des CIRS weiter zu steigern (Panzica, Krettek, & Cartes, 2011).

Um nachfolgend die Auswirkungen auf die Qualität in Krankenhäusern und abschließend die sich hiervon ergebenden ökonomischen Effekte beschreiben zu können, soll zunächst der Begriff Qualität im Krankenhaus näher erläutert werden.

3 Qualität im Krankenhaus

In Abgrenzung zum RM dient das QM dazu die Effizienz und Qualität zu steigern. Das RM zielt hauptsächlich auf eine Vermeidung von Fehlern und Identifikation von möglichen Fehlernquellen im Vorfeld ab. Somit ist RM und damit auch CIRS ein Bestandteil des QM (Riedel & Schmieder, 2014). *„Qualität ist die Abwesenheit von Fehlern."* (Töpfer, 2006, S. 101) Somit zeigt sich, dass Qualität unmittelbar mit Fehlervermeidung einhergeht und eine Fehlerreduktion unweigerlich zu einer Qualitätssteigerung beiträgt (Töpfer, 2006).

Da Qualität in der medizinischen Versorgung als Ganzes nur schwer zu messen und einzuordnen ist, wird der Krankenhausbetrieb in drei Teilbereiche gegliedert und die jeweilige zugehörige Qualität einzeln gemessen. Nachfolgend können die Teilergebnisse zusammengefasst und somit eine Gesamtqualität der Einrichtung beschrieben werden. Es wird in Struktur, Prozess- und Ergebnisqualität differenziert (BMG, 2006). Diese einzelnen Bereiche werden anhand der Definitionen des Bundesministeriums für Gesundheit dargestellt.

Strukturqualität beurteilt die Voraussetzungen eines Krankenhauses für ein regelgerechtes Durchführen der Handlungen. Hiermit sind z. B. notwendige Personalqualifikationen, Finanzierungssysteme und Ausstattungen der Einrichtungen, also die strukturellen Gegebenheiten gemeint (BMG, 2006). Diese betrifft somit alle Voraussetzungen, die für ein regelgerechtes Durchführen der Tätigkeiten eines Krankenhauses notwendig sind (Töpfer, 2006).

Prozessqualität bezieht sich auf die eigentlichen Abläufe (BMG, 2006). *„Eine hohe Prozessqualität bedeutet, dass das Richtige rechtzeitig und gut getan wird."* (BMG, 2006, S. 172) Hierbei sind die medizinischen Standards und entsprechende Leitlinien von essentieller Bedeutung (BMG, 2006). Zusammengefasst ist mit Prozessqualität *„alle Aktivitäten, die sich auf die Behandlung beziehen"* (Töpfer, 2006, S. 103) gemeint.

Der wichtigste Indikator für medizinische Leistungsfähigkeit von Krankenhäusern ist die Ergebnisqualität. Diese erfasst, inwiefern das maximal erreichbare Behandlungsergebnis tatsächlich erreicht wird. Sie erfasst die Güte der stattgefundenen Behandlung. Indikatoren sind z. B. der Gesundheitszustand und die Lebensqualität nach dem Abschluss einer Therapie. Dies wird u. a. durch Wiederholungseingriffe, mögliche vorzeitige Todesfälle, Komplikationen oder Behandlungsfehlern beeinflusst (BMG, 2006).

Um die Qualität in einem Krankenhaus messen zu können ist es notwendig für die Bereiche Struktur-, Prozess- und Ergebnisqualität Indikatoren festzulegen und entsprechend kontinuierlich zu überprüfen. Weiterhin sind Mindestmaßnahmen dargelegt, die in einem Krankenhaus implementiert werden müssen. Ein RM und ein Fehlermanagement und Fehlermeldesystem sind ebenso aufgeführt, wie Beschwerdemanagement und weiter Methoden (GBA, 2015).

Da gerichtlich Schadenersatzansprüche von Patienten und Patientinnen verstärkt Beachtung finden und dies zunehmend eine Relevanz für alle Stakeholder im Krankenhausbereich hat, wird der Steigerung von Qualität im Krankenhaus zunehmend Rechnung getragen (Heyer, 2016). Welchen Einfluss CIRS auf Qualität im Krankenhaus hat soll nachfolgend betrachtet werden, nachdem der ökonomische Aufwand für die Einführung und Betrieb eines CIRS dargestellt worden ist.

4 Auswirkungen von CIRS

Eine Einführung und Betrieb eines CIRS in einem Krankenhaus wirkt sich auf diverse Bereiche und Stakeholder aus (Aktionsbündnis Patientensicherheit, Plattform Patientensicherheit, Stiftung Patientensicherheit, 2016). CIRS wirkt nicht nur auf direkt finanziell messbare Größen, sondern auch auf Bereiche, die indirekten Einfluss auf den ökonomischen Erfolg eines Krankenhauses haben können. Hier ist z. B. die Sicherheit kritischer Infrastruktur und Versorgung ebenso zu nennen, wie vorgehaltene Notfallpläne und eine Reputation des Krankenhauses bei den Stakeholdern (Holtel & Arndt, 2010).

Zunächst sollen die Kosten eines CIRS dargestellt und erörtert werden, bevor auf den Nutzen dieses Systems eingegangen wird.

4.1 Aufwand für ein CIRS

Grundsätzlich ist ein CIRS günstig in der Unterhaltung anzusehen (Kaufmann, Staender, von Below, Brunner, Portenier & Scheidegger, 2002). Trotzdem werden von diversen Geschäftsführungen von Krankenhäusern die notwendigen personellen Ressourcen nur schwer zur Verfügung gestellt. Dies ist zum einen auf den immensen Kostendruck der Einrichtungen und zum anderen auf die mangelnde Akzeptanz in der Leitungsebene zurückzuführen (Köbberling & Bernges, 2007). Zumal für ein Fehlermeldesystem wie CIRS keine zusätzliche Vergütung von den Kostenträgern bereitgestellt wird. Dennoch werden Beteiligungen an externen Fehlermeldesystemen, die den gesetzlichen Anforderungen entsprechen, finanziell unterstützt. Jedoch ist auf Grundlage der KQM-RL die Einführung eines sanktionsfreien und leicht zugänglichen Fehlermeldesystems gefordert (Heyer, 2016).

Grundlegend entstehen sowohl Kosten zur Fehleridentifikation durch ein CIRS als auch für eine nachfolgende Beseitigung des detektierten Risikos. Weiterhin können Folgekosten für Audits, Prüfverfahren und externe Beratung entstehen (Schroeder-Printzen, 2014). Um mögliche Kosten einzusparen und Effizienz zu gewinnen bietet sich an Personen aus dem QM-Team in ein CIRS-Team zu integrieren. So können mögliche Prozessänderungen in einem Krankenhaus zielgerichtet, schnell und ohne zusätzlichen formalen Aufwand umgesetzt werden (Holtel & Arndt, 2010).

Anhand einer Beispielrechnung wurden in einer Studie von Banduhn und Schlüchtermann die finanziellen Kosten eines RM und die sich daraus ergebenden Einsparungen anhand eines Modellkrankenhauses gegenübergestellt. Das Modellkrankenhaus wurde anhand von Durchschnittswerten des Statistischen Bundesamtes zusammensetzt. Die notwendigen Ressourcen, die zur Einführung und Betrieb eines RM benötigt werden, sind auf Grundlage von Experteninterviews in die Studie eingeflossen. Somit belaufen sich die einmaligen Implementierungskosten für ein klinisches RM auf 36054,88 € und die jährlichen Betriebskosten auf 32049,60 € (Banduhn & Schlüchtermann, 2013). Da CIRS nur ein Teil des RM ist, kann von deutlich geringeren Kosten für das reine CIRS ausgegangen werden.

Um die Forschungsfrage beantworten zu können, soll nachfolgend der Nutzen für ein Krankenhaus, der durch die Einführung und Betrieb eines CIRS entsteht, beschrieben werden.

4.2 Nutzen von einem CIRS

Der Hauptnutzen von CIRS besteht in einem Frühwarnsystem. Es zeigt Schwachstellen in verschieden Bereichen auf. Somit kann auf ein solches Ereignis reagiert werden bevor es zu einem Schaden für Patientinnen oder Patienten, dem Krankenhaus oder dessen Mitarbeiterinnen und Mitarbeiter führt (ÄZQ, 2015). Darüber hinaus dient CIRS zu einer Verbesserung der Sicherheitskultur und einem gestärkten Risikobewusstsein der Beteiligten (Rohe, Sanguino Heinrich, Weidringer & Thomeczek, 2012).

Darüber hinaus bieten überregionale CIRS-Netzwerke Lösungen und organisationsübergreifendes Lernen von weiteren an Netzwerken teilnehmenden Einrichtungen an (ÄZQ, 2015). Durch z. B. CIRSmedical wird länderübergreifend eine Lernplattform bereitgestellt. Hierdurch lässt sich ohne großen Aufwand von anderen Einrichtungen aus Deutschland, Österreich und Schweiz lernen (Kaufmann et al., 2002). Zumal ein Nutzen aus CIRS-Meldungen zu generieren, evident ist (Behle, 2014).

Ein funktionierendes CIRS reduziert durch Risikoreduktion und Anpassungen in Strukturen und Prozessen die Anzahl von Patientenschäden in einem Krankenhaus (Panzica, Krettek & Cartes 2011). Somit dient CIRS zu Steigerung der Qualität in allen drei zuvor definierten Qualitätsbereichen (Behle. 2014) und *„ist damit ein wichtiger Bestandteil des kontinuierlichen Verbesserungsprozesses."* (Behle, 2014, S. 105) Ein wesentlicher Nutzen einer gesteigerten Qualität liegt in einem effektiveren Ressourceneinsatz für ein Krankenhaus (Schroeder-Printzen, 2014).

Grundlegend verursachen Fehler Kosten an vielfältigen Positionen. Die Person, die den Fehler begeht, verursacht ebenso Kosten, wie auch die Person, die diesen begangenen Fehler beheben muss (Arbeitsleistung, Ressourceneinsatz). Weiterhin können sowohl Regressansprüche bei einem entstandenen Schaden geltend gemacht werden, als auch eine mögliche

Prämienerhöhung von Versicherungen erscheint möglich. Darüber hinaus leidet die Reputation des Krankenhauses durch eine hohe Fehlerquote im Vergleich mit einer Konkurrenzeinrichtung. Dies kann zu einer geringeren Einweiserate von Ärztinnen und Ärzten und damit zu einem Sinken von Behandlungsfallzahlen und somit zu Umsatzeinbußen führen (Töpfer, 2006). Durch den Betrieb eines CIRS lassen sich die Bemühungen zur Qualitätsverbesserung auch zu externen Stakeholdern transportieren (Köbberling & Bernges 2007). Somit ist mit einer Zunahme der Behandlungsqualität und Verminderung von Behandlungsfehlern mit einer Steigerung der Zufriedenheit von Patientinnen und Patienten, Angehörigen, Krankenkassen und einweisenden Ärztinnen und Ärzten zu rechnen (Sobottka, 2006).

Weiterhin lassen sich Kosten, die durch Fehler entstehen, in zwei Kategorien einteilen. Es kann zwischen leicht erfassbare und offensichtliche Fehler und weniger offensichtliche und verdeckte Fehler unterschieden werden. Die offensichtlichen Fehler stellen wohl den kleineren Teil von Fehlerkosten dar. Hierzu zählen z. B. eine Nacharbeit um eine Mangel zu beseitigen, Materialausschuss, Regressansprüche und erneute Behandlungen. Zu dem Teil der verdeckten Fehlerkosten zählen z. B. ungünstige Prozessabläufe, lange Verweildauer von Patientinnen und Patienten und damit Erlöseinbußen im Diagnoses-Related-Groups-System, ineffektiver und ineffizienter Ressourceneinsatz, Reputationsschaden und eine ineffiziente Lagerhaltung (Töpfer, 2006).

Zusammenfassend wird durch eine Reduktion der Fehler im Krankenhaus die Patientenverweildauer und Anzahl von Patientenschäden vermindert. Die Effizienz in den ablaufenden Prozessen wird erhöht und der Ressourcenverbrauch reduzieren. Somit ist mit einem verbesserten finanziellen Ergebnis zu rechnen (Sobottka, 2006).

Durch eine Vermeidung von Patientenschäden werden weniger personelle Ressourcen für die nachfolgenden Rechtsstreitigkeiten und Beschwerdemanagement benötigt. Weiterhin kann mit einem effektivem CIRS das Steigen von Versicherungsprämien verhindert werden (Heyer, 2016), die Versicherbarkeit des Krankenhauses nimmt zu (Banduhn & Schlüchtermann, 2013). Ebenso können durch eine Einführung und Betrieb eines CIRS mögliche Strafzahlungen und Sanktionen für ein fehlendes RM , welches durch den Gemeinsamen Bundesausschuss für notwendig erachtet wird, vermieden werden. (Heyer, 2016).

Durch eine niedrigere Fehlerrate und steigender Qualität wird sowohl die Reputation, als auch die Geschäftsbeziehung zu Partnern (Ärztinnen und Ärzte und Gesundheitszentren) gesteigert (Heyer, 2016). Dies zeigt sich in steigenden Umsätzen und Erlösen von Krankenhäusern, welche ein funktionierendes CIRS betreiben (Sobottka, 2006).

Laut Banduhn und Schlüchtermann liegen die potenziellen konservativ berechneten direkten Einsparungen für ein Musterkrankenhaus bereits im Einführungsjahr eines RM zwischen 53000 € und 175000 € und erhöht sich in den Folgejahren, da die Implementierungskosten wegfallen. Mit einer durchschnittlichen Verzinsung von 5 % ergibt sich ein jährlicher Vorteil von 81000 € bis 211000 € in den ersten fünf Jahren nach Einführung eines RM. Indirekte Kosten, wie Reputationsschäden, sind in diese Berechnung nicht einbezogen. Grundlage zur Berechnung dieser Aufstellungen waren das Hamburger Dekubitus-Projekt, welches anhand von vermeidbaren Fehlern die Auswirkungen auf die Dekubitus-Inzidenz untersuchte und laut den Autoren vergleichbare Effekte in anderen Bereichen zu erwarten sind, zumal die den Berechnungen zugrundeliegenden Annahmen sehr vorsichtig und konservativ sind (Banduhn & Schlüchtermann, 2013). Da CIRS zu Identifikation und durch mögliche Lösungsansätze der meldenden Personen einen elementaren Anteil am RM besitzt, scheint CIRS auch Grundlage zu einer Steigerung der ökonomischen Effizienz in Krankenhäusern zu sein. Dies zeigt sich sowohl in einer Reduktion der Kosten, als auch in einer möglichen Umsatz- und Erlössteigerung.

Des Weiteren zeigen die dargestellten Punkte, dass ein erfolgreiches CIRS positive Auswirkungen auf alle vier Ebenen einer Balanced Score Card hat (Sobottka, 2006). Das System der Balanced Score Card ist ein Managementwerkzeug, welches über die Perspektive der Kostenrechnung hinausgeht und weitere Indikatoren zur Beurteilung der Unternehmensleistung heranzieht. Ein solches System beeinflusst maßgeblich die gesamten Abläufe in einem Unternehmen und zählt zu den etablierten Managementwerkzeugen (Kaplan & Norton 2007). Eine steigende Behandlungssicherheit und -qualität verbessert die Kundenperspektive, effizientere Prozesse und damit kürzere Patientinnen- und Patientenverweildauer fördern die Prozessperspektive. Durch die vorgenannten Verbesserungen steigt die Mitarbeiterzufriedenheit und -motivation und wirkt sich hierdurch positiv auf die Mitarbeiter- oder Entwicklungsperspektive aus. Hieraus ergibt sich eine günstigere Finanzperspektive, die außerdem durch sinkende Haftungsansprüche, steigende Erlöse und Umsätze und einem effizienterem Ressourcenverbrauch begünstigt wird (Sobottka, 2006).

Weiterhin wurde ebenso gezeigt, dass durch ein effektives CIRS auch der Erreichungsgrad des Triple Aims, dass durch das amerikanische Institute for Healtcare Improvement auf Grund der Lage des Gesundheitssystems der USA als Kernziele für ein Gesundheitssystem definiert wurde, verbessert wird. Das Triple Aim wird beschrieben mit Verbesserung der Patientenerfahrung (Steigerung der Zufriedenheit und Behandlungsqualität), Verbesserung der Salutogenese der Bevölkerung und einer Steigerung der Wirtschaftlichkeit der Gesundheitsversorgung (IHI, 2018).

Die nachfolgende Tabelle stellt die vorgenannten Auswirkungen übersichtlich gegenüber.

Tabelle 1: Vor- und Nachteile eines CIRS im Krankenhaus

Vorteile durch ein CIRS	**Nachteile durch ein CIRS**
Frühwarnsystem von Risiken	Zusätzliche Personalkosten
Weniger Patientenschäden	Ggf. weiterer Ressourceneinsatz notwendig
Höhere Sicherheit der Infrastruktur	Akzeptanz auf allen Leitungsebenen unabdingbar
Effizientere Notfallpläne und Prozesse	Keine zusätzliche Vergütung durch die Kostenträger
Verbesserte Reputation = mehr Umsatz	
Günstigere Sicherheits- und Fehlerkultur	
Gesteigertes Risikobewusstsein	
Verbesserte Versicherbarkeit	
Steigende Qualität	
Steigende Erlöse, niedrigere Kosten	
Bereits im ersten Jahr rentabel	

(Quelle: eigene Darstellung, in Anlehnung an Banduhn &Schlüchtermann, 2013; Heyer, 2016; Töpfer, 2006 und Sobottka, 2006)

Nachdem die Auswirkungen einer Implementierung und des Betriebs eines CIRS in Bezug auf ein Krankenhaus dargestellt wurden, wird abschließend ein Fazit, bezogen auf die Forschungsfrage, gezogen.

5 Fazit

Wie dargestellt generieren Fehler hohe Kosten durch Qualitätseinbußen und mindern dadurch stark den Krankenhauserfolg. Ein erfolgreiches RM und damit auch CIRS dient somit zur Qualitätssteigerung und Kostenreduktion in Krankenhäusern (Töpfer, 2006). Jedoch bleibt hierbei wichtig zu erwähnen, dass eine reine Implementierung eines CIRS weder positive Auswirkungen auf die Patientensicherheit, noch auf eine Qualitätssteigerung in Krankenhäusern hat. Lediglich ein lebendiges CIRS, also ein durch alle Leitungsebenen akzeptiertes System, bewirkt die vorgenannten positiven Effekte (Rohe, Sanguino Heinrich, Weidringer & Thomeczek, 2012).

Somit kann zusammengefasst werden, dass durch eine erfolgreiche Risikoprophylaxe mittels eines funktionierendes CIRS alle Stakeholder eines Krankenhauses einen positiven Nutzen erzielen. Sowohl die Kostenträger, als auch die Mitarbeiterinnen und Mitarbeiter und Patientinnen und Patienten dient ein solches System (Behle, 2014). Ein erfolgreiches CIRS unterstützt die positive ökonomische Entwicklung von Krankenhäusern (Banduhn & Schlüchtermann, 2013). Durch eine, wie unter Kapitel 4.2 beschrieben, positive Ausgestaltung auf alle Bereiche eines Balanced Score Card als auch eine Steigerung der Zielerreichung des Triple Aims, scheint die Einführung eines CIRS in einem Krankenhaus auch für ein mögliches zukünftiges Pay for Performance (P4P) System günstig. Da hierbei die Vergütung von zuvor gesteckten Erfolgszielen abhängig ist. Diese Ziele werden in dem P4P anhand von Qualitätsindikatoren bestimmt. Hierbei ist auch eine Minderung der Vergütung bei verminderter Ergebnisqualität möglich (AOK Bundesverband, 2016).

Darüber hinaus erscheint eine Reduktion der vermeidbaren Fehler, schon alleine aus der Patientenperspektive notwendig, um die in der Einleitung angeführten Todeszahlen zu senken. Dies unterstützt außerdem die tradierte Ethik der Ärzte, gesundheitliches Leiden so gut wie möglich zu behandeln (Ärzte Zeitung, 2016). Und da ein CIRS, wie beschrieben, ein effektives und zugleich auch das aktuell wichtigste Werkzeug im RM ist, scheint eine klinikweite Einführung notwendig.

Als wichtig erscheint ebenfalls eine Etablierung eines Fehlerkostencontrollings. Hierdurch wird das Bewusstsein, sowohl der Leitungsebenen, als auch der Mitarbeiterinnen und Mitarbeiter in einem Krankenhaus, zur Fehlervermeidung weiter gestärkt (Töpfer, 2006) und kann somit die Fehlerkultur weiter verbessern.

Anschließend an diese Projektarbeit könnte thematisiert und herausgearbeitet werden, wie die Auswirkungen einer Implementierung eines CIRS in Bezug auf die Perspektiven einer Balanced Score Card zu gewichten sind. Ebenso scheint die Fragestellung relevant, ob eine gewisse Berichtsdichte pro Patient für eine signifikante Qualitätssteigerung notwendig ist und ab welcher relativen Berichtsmenge die Einführung eines CIRS ökonomisch rentabel ist.

6 Literaturverzeichnis

Aktionsbündnis Patientensicherheit, Plattform Patientensicherheit, Stiftung Patientensicherheit (Hrsg.) (2016): Einrichtung und erfolgreicher Betrieb eines Berichts- und Lernsystems (CIRS). Verfügbar unter: http://www.aps-ev.de/wp-content/uploads/2016/10/160913_CIRS-Broschuere_WEB.pdf (18.08.2018).

AOK Bundesverband (Hrsg.) (2016). *Pay for Performance P4P.* Verfügbar unter: https://aok-bv.de/lexikon/p/index_06435.html (05.09.2018).

Ärzte Zeitung (2016). Der Eid des Hippokrates. Verfügbar unter: https://www.aerztezeitung.de/politik_gesellschaft/medizinethik/article/906431/wortlaut-eid-des-hippokrates.html (04.09.2018).

ÄZQ (Ärztliches Zentrum für Qualität in der Medizin) (Hrsg.) (2015). Definitionen und Klassifikationen zur Patientensicherheit. Verfügbar unter: https://www.aezq.de/patientensicherheit/definition-ps (08.08.2018).

Banduhn, C. & Schlüchtermann, J. (2013). Klinisches Risikomanagement in der Kosten-Nutzen-Betrachtung. *Das Gesundheitswesen 75 (5), 281-287.*

Behle, S. (2014). CIRS im Krankenhaus. In W. Merkle (Hrsg.) (2014) *Risikomanagement und Fehlervermeidung im Krankenhaus (104-107).* Berlin Heidelberg: Springer.

Bohnet-Joschko, S., Jandeck, L. M., Zippel, C., Andersen, M. & Krummenauer, F. (2011). Strukturiertes Risikomanagement in Krankenhäusern – kommt es doch auf die Größe an?. *Zeitschrift für Orthopädie und Unfallchirurgie, 149 (3), 301-307.*

Bundesministerium für Gesundheit (BMG) (Hrsg.) (2006). *Gesundheitsberichterstattung des Bundes – Gesundheit in Deutschland.* Verfügbar unter: http://www.gbe-bund.de/pdf/GESBER2006.pdf (08.08.2018).

Gemeinsamer Bundesaussschuss (GBA) (Hrsg.) (2015). *Beschluss des Gemeinsamen Bundesausschusses über eine Qualitätsmanagement-Richtlinie.* Verfügbar unter: https://www.g-ba.de/downloads/39-261-2434/2015-12-17_2016-09-15_QM-RL_Erstfassung_konsolidiert_BAnz.pdf (08.08.2018)

Gemeinsamer Bundesaussschuss (GBA) (Hrsg.) (2016). *Qualitätsmanagement-Richtlinie Krankenhäuser – KQM-RL.* Verfügbar unter: https://www.g-ba.de/informationen/richtlinien/40/ (08.08.2018).

Heyers, J. (2016). Risikomanagementsysteme im Krankenhaus, Standards und Patientenrechte. *Medizinrecht, 34 (1), 23-31.*

Hohenstein, C. & Fleischmann, T. (2007). Patientensicherheit im Hochrisikobereich –
Ein Critical Incident Reporting System (CIRS) für die präklinische Notfallmedizin. *Der Notarzt, 23 (1), 1-6.*

Holtel, M. & Arndt, C. (2010). Risikomanagement im Krankenhaus - Fehler systematisch
aufspüren. *Deutsches Ärzteblatt, 107 (43), 2096-2099.*

IHI (Institute for Healtcare Improvement) (Hrsg.) (2018). *The IHI Triple Aim.* Verfügbar
unter: http://www.ihi.org/Engage/Initiatives/TripleAim/Pages/default.aspx
(04.09.2018).

Kaplan, R.S. & Norton, D.P. (2007). Balanced Scorecard. In: C. Boersch & R. Elschen
(Hrsg.) (2007). *Das Summa Summarum des Management (137-148).* Wiesbaden:
Gabler.

Kaufmann, M., Staender, S., von Below, G., Brunner, H. H., Portenier, L. & Scheidegger,
D. (2002). Computerbasiertes anonymes Critical Incident Reporting: ein Beitrag zur
Patientensicherheit. *Schweizerische Ärztezeitung, 83 (47), 2554-2558.*

Kohn, L., Corrigan, J. & Donaldson, M. (2000). *To Err is Human – Building a Safer Health
System.* Washington D.C.: National Academy Press.

Köbberling, J. & Bernges, S. (2007). Critical Incident Reporting System (CIRS) – Eine
überzeugende Idee, Probleme in der Umsetzung. *Medizinische Klinik, 102 (11), 936-
938.*

Merkle, W. (2014). Wo kann Risikomanagement in der Medizin eingesetzt werden? In
W. Merkle (Hrsg.) (2014) *Risikomanagement und Fehlervermeidung im Krankenhaus
(68-79).* Berlin Heidelberg: Springer.

Panzica, M., Krettek, C. & Cartes, M. (2011). „Clinical Incident Reporting System" als
Instrument des Risikomanagements für mehr Patientensicherheit. *Der Unfallchirurg,
114 (9), 758-767.*

Riedel, R. & Schmieder, A. (2014). Einführung von Risikomanagement und CIRS im
Krankenhaus als ökonomische Aufgabe anhand eines praktischen Beispiels. In
W. Merkle (Hrsg.) (2014) *Risikomanagement und Fehlervermeidung im Krankenhaus
(173-183).* Berlin Heidelberg: Springer.

Rohe, J., Sanguino Heinrich, A., Weidringer, J. W. & Thomeczek, C. (2012). Critical-
Incident-Reporting-System (CIRS) – Ein Baustein des Risikomanagements zur Verbesserung der Patientensicherheit. *Notfall + Rettungsmedizin, 15 (1), 25-29.*

Schroeder-Printzen, I. (2014). Kosten und Nutzen eines Qualitätsmanagements. *Der
Urologe, 53 (1), 15-20.*

Sobottka, S. B. (2006). Entwicklung eines Risikomanagement-Systems für ein Krankenhaus. In M. Albrecht & A. Töpfer (2006). *Erfolgreiches Changemanagement im Krankenhaus 15-Punkte Sofortprogramm für Kliniken (561-578)*. Berlin Heidelberg: Springer.

Töpfer, A. (2006). Medizinische und ökonomische Bedeutung von Qualität im Krankenhaus: Vermeidung von Fehlerkosten. In M. Albrecht & A. Töpfer (2006). *Erfolgreiches
Changemanagement im Krankenhaus 15-Punkte Sofortprogramm für Kliniken (99-
111)*. Berlin Heidelberg: Springer.

7 Präsentation

Sicherheit von Patientinnen und Patienten im Krankenhaus
(Riedel & Schmieder, 2014)

Fehler begehen ist menschlich, der Umgang damit zeigt die Fehlerkultur
(Riedel & Schmieder, 2014)

Risikomanagement ist im Rahmen von Qualitätsmanagement vorgeschrieben
(GBA, 2015)

CIRS ist aktuell das wichtigste Risikomanagementtool
(Merkle, 2014)

Forschungsfrage:
Dient ein CIRS zur Steigerung der Qualität und ökonomischer Effizienz in
einem Krankenhaus?

CIRS

ANFORDERUNGEN

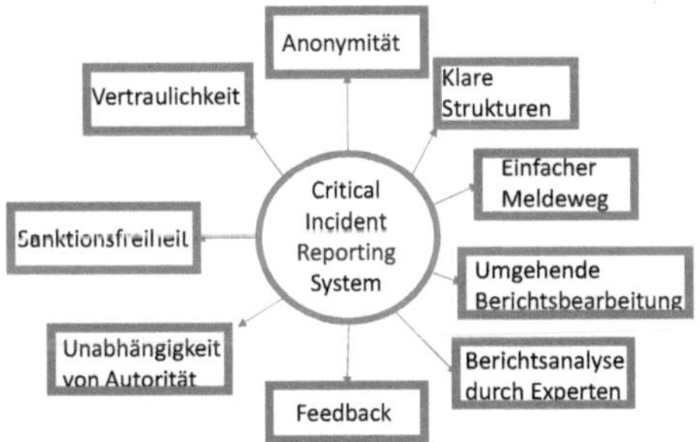

Quelle: eigene Darstellung, in Anlehnung an
Aktionsbündnis Patientensicherheit, Plattform Patientensicherheit, Stiftung Patientensicherheit, 2016, S. 13)

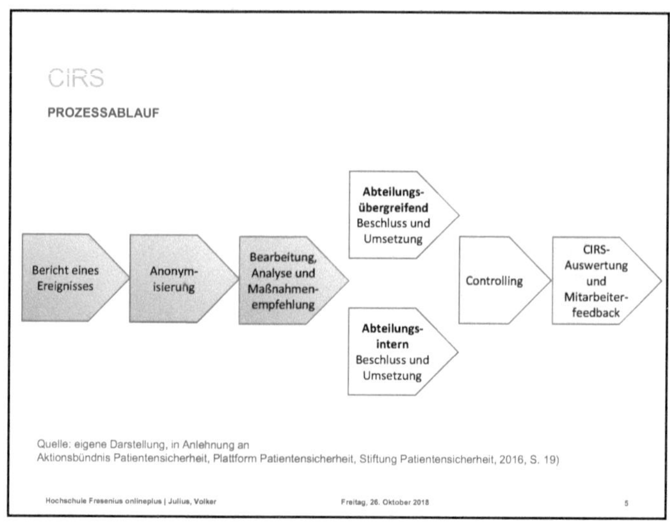

CIRS
PROZESSABLAUF

Bericht eines Ereignisses

Anonymisierung

Bearbeitung, Analyse und Maßnahmenempfehlung

Abteilungsübergreifend
Beschluss und Umsetzung

Abteilungsintern
Beschluss und Umsetzung

Controlling

CIRS-Auswertung und Mitarbeiterfeedback

Quelle: eigene Darstellung, in Anlehnung an
Aktionsbündnis Patientensicherheit, Plattform Patientensicherheit, Stiftung Patientensicherheit, 2016, S. 19)

Hochschule Fresenius onlineplus | Julius, Volker
Freitag, 26. Oktober 2018
5

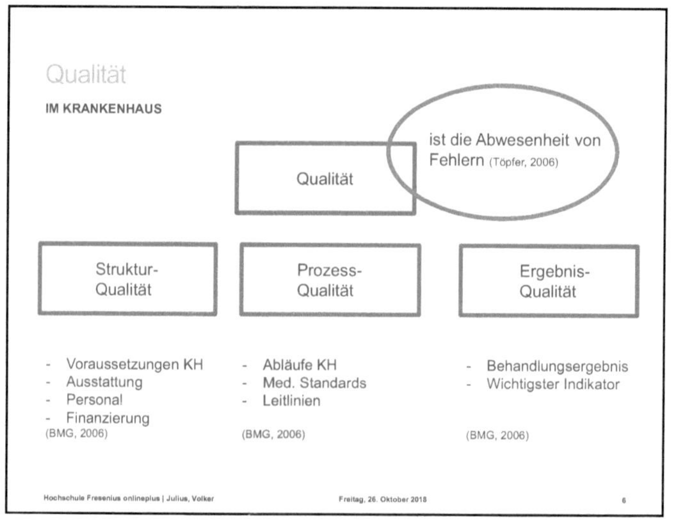

Qualität
IM KRANKENHAUS

Qualität

ist die Abwesenheit von Fehlern (Töpfer, 2006)

Struktur-Qualität

Prozess-Qualität

Ergebnis-Qualität

- Voraussetzungen KH
- Ausstattung
- Personal
- Finanzierung
(BMG, 2006)

- Abläufe KH
- Med. Standards
- Leitlinien
(BMG, 2006)

- Behandlungsergebnis
- Wichtigster Indikator
(BMG, 2006)

Hochschule Fresenius onlineplus | Julius, Volker
Freitag, 26. Oktober 2018
6

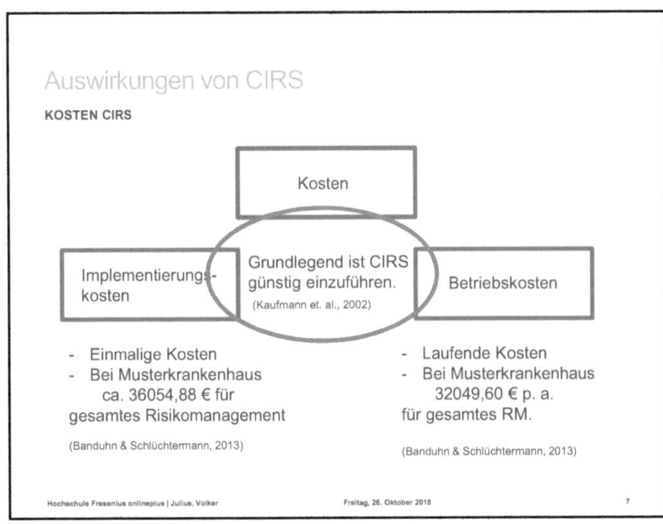

Auswirkungen von CIRS

KOSTEN CIRS

Kosten

Implementierungs-
kosten

Grundlegend ist CIRS
günstig einzuführen.
(Kaufmann et. al., 2002)

Betriebskosten

- Einmalige Kosten
- Bei Musterkrankenhaus
    ca. 36054,88 € für
gesamtes Risikomanagement

(Banduhn & Schlüchtermann, 2013)

- Laufende Kosten
- Bei Musterkrankenhaus
    32049,60 € p. a.
für gesamtes RM.

(Banduhn & Schlüchtermann, 2013)

Hochschule Fresenius onlineplus | Julius, Volker   Freitag, 26. Oktober 2018   7

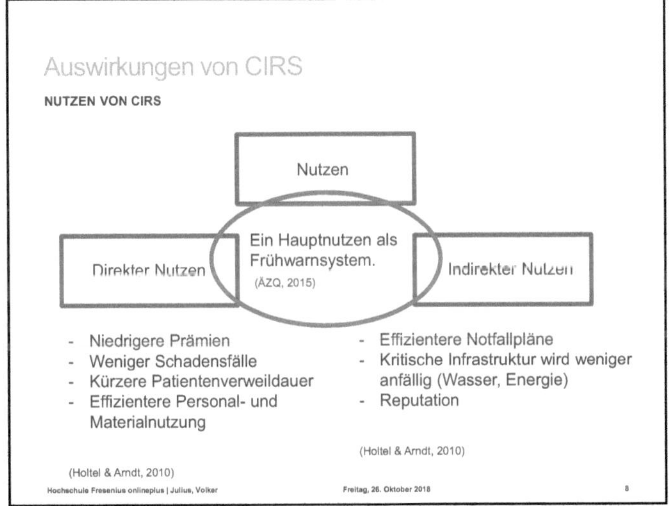

Auswirkungen von CIRS

NUTZEN VON CIRS

Nutzen

Direkter Nutzen

Ein Hauptnutzen als
Frühwarnsystem.
(ÄZQ, 2015)

Indirekter Nutzen

- Niedrigere Prämien
- Weniger Schadensfälle
- Kürzere Patientenverweildauer
- Effizientere Personal- und
    Materialnutzung

- Effizientere Notfallpläne
- Kritische Infrastruktur wird weniger
    anfällig (Wasser, Energie)
- Reputation

(Holtel & Arndt, 2010)

(Holtel & Arndt, 2010)

Hochschule Fresenius onlineplus | Julius, Volker   Freitag, 26. Oktober 2018   8

Fazit

Steigerung der Qualität in allen drei Qualitätsbereichen. (Behle, 2014)

Einsparungen durch ein CIRS in einem Musterkrankenhaus im ersten Jahr zwischen 53000 € und 175000 €. (Banduhn & Schlüchtermann, 2013)

Effizientere Prozesse, Strukturen und Ergebnisse, sowie eine höhere Stakeholderzufriedenheit durch CIRS. (Sobottka, 2006)

Somit wirkt ein CIRS positiv auf alle vier Perspektiven einer Balanced Score Card. (Sobottka, 2006)

 Kostenreduktion durch steigende Qualität.
(Töpfer, 2006 & Banduhn & Schlüchtermann, 2013)

Literaturverzeichnis 1

Aktionsbündnis Patientensicherheit, Plattform Patientensicherheit, Stiftung Patientensicherheit (Hrsg.) (2016): Einrichtung und erfolgreicher Betrieb eines Berichts- und Lernsystems (CIRS). Verfügbar unter: http://www.aps-ev.de/wp-content/uploads/2016/10/160913_CIRS-Broschuere_WEB.pdf (18.08.2018).

ÄZQ (Ärztliches Zentrum für Qualität in der Medizin) (Hrsg.) (2015). Definitionen und Klassifikationen zur Patientensicherheit. Verfügbar unter: https://www.aezq.de/patientensicherheit/definition-ps (08.08.2018).

Banduhn, C. & Schlüchtermann, J. (2013). Klinisches Risikomanagement in der Kosten-Nutzen-Betrachtung. Das Gesundheitswesen 75 (5), 281-287.

Behle, S. (2014). CIRS im Krankenhaus. In W. Merkle (Hrsg.) (2014) Risikomanagement und Fehlervermeidung im Krankenhaus (104-107). Berlin Heidelberg: Springer.

Bundesministerium für Gesundheit (BMG) (Hrsg.) (2006). Gesundheitsberichterstattung des Bundes – Gesundheit in Deutschland. Verfügbar unter: http://www.gbe-bund.de/pdf/GESBER2006.pdf (08.08.2018).

Gemeinsamer Bundesaussschuss (GBA) (Hrsg.) (2015). Beschluss des Gemeinsamen Bundesausschusses über eine Qualitätsmanagement-Richtlinie. Verfügbar unter: https://www.g-ba.de/downloads/39-261-2434/2015-12-17_2016-09-15_QM-RL_Erstfassung_konsolidiert_BAnz.pdf (08.08.2018)

Literaturverzeichnis 2

Holtel, M. & Arndt, C. (2010). Risikomanagement im Krankenhaus - Fehler systematisch aufspüren. Deutsches Ärzteblatt, 107 (43), 2096-2099.

Kaufmann, M., Staender, S., von Below, G., Brunner, H. H., Portenier, L. & Scheidegger, D. (2002). Computerbasiertes anonymes Critical Incident Reporting: ein Beitrag zur Patientensicherheit. Schweizerische Ärztezeitung, 83 (47), 2554-2558.

Merkle, W. (2014). Wo kann Risikomanagement in der Medizin eingesetzt werden? In W. Merkle (Hrsg.) (2014) Risikomanagement und Fehlervermeidung im Kranken-haus (68-79). Berlin Heidelberg: Springer.

Riedel, R. & Schmieder, A. (2014). Einführung von Risikomanagement und CIRS im Krankenhaus als ökonomische Aufgabe anhand eines praktischen Beispiels. In W. Merkle (Hrsg.) (2014) Risikomanagement und Fehlervermeidung im Kranken-haus (173-183). Berlin Heidelberg: Springer.

Sobottka, S. B. (2006). Entwicklung eines Risikomanagement-Systems für ein Krankenhaus. In M. Albrecht & A. Töpfer (2006). Erfolgreiches Changemanagement im Krankenhaus 15-Punkte Sofortprogramm für Kliniken (561-578). Berlin Heidelberg: Springer.

Töpfer, A. (2006). Medizinische und ökonomische Bedeutung von Qualität im Krankenhaus: Vermeidung von Fehlerkosten. In M. Albrecht & A. Töpfer (2006). Erfolgreiches Changemanagement im Krankenhaus 15-Punkte Sofortprogramm für Kliniken (99-111). Berlin Heidelberg: Springer.

Vielen Dank für Ihre Aufmerksamkeit!
Haben Sie noch Fragen?